形

追尋海倫的腳步，
尋找最大的三角形，
沒有最大，只有更大

魏錦村　著

目 錄

封面故事 　　　　　　　　　　　　　/ ii
引言 　　　　　　　　　　　　　　　/ vi

基礎篇　　　　　　　　　　　　　/ 001

第一章　探索　　　　　　　　/ 003
第二章　常數　　　　　　　　/ 013
第三章　一個半　　　　　　　/ 023
第四章　自然是數學的　　　　/ 033
第五章　規律的進階模型　　　/ 043
第六章　面積對不對　　　　　/ 049
第七章　應用　　　　　　　　/ 057

結語 　　　　　　　　　　　　　　　/ 061
延伸閱讀　常數的升級　　　　　　　/ 065

附　錄　　　　　　　　　　　　　/ 075

規律　　　　　　　　　　　　/ 077
子項證明　　　　　　　　　　/ 081
附表　　　　　　　　　　　　/ 085

i

封面故事

小拉眼中的世界

三維空間是我們的空間，加上時間就是愛因斯坦所說的四維時空，但實際上時間還是一個無法捉摸的維度，所以我們實際上只能感受到三維。

因為我們生長在一個三維的世界，成長過程腦袋所受的訓練就是三維，大腦透過眼睛所積累下來的信息告訴我們分辨這個周遭是個三維的世界，所以我們只能看懂這個三維的世界，而無法看到我們自己定義的四維乃至更高維的世界。

至於有沒有高維的世界？一句話可以回答這個問題。

看不到不代表不存在。

這相當於沒有回答，因為這個問題也沒有具體的答案。

在人們的想像力中四次元的具像化五花八門，有投影在三度空間的四維虛像、有具象化的三維實體，卻因人而異而呈現不同的樣貌四維生物、有直接將四維描述成像萬花筒般的世界⋯⋯不一而論。比較有邏輯推論的是物理與數學，理論物理把次元推高到十次元、十一次元乃至二十六次元，所持的解釋不在我們討論範圍，但它依然是推測。數學甚至沒有高度的盡頭，數學模型可以將次元一直往高維度排列下去，三角形一族在什麼維度有多少點線面、胞體，四方形一族在四次元有多少點線面體⋯⋯每個族群都可以列出一張長長的表格，每項數值都是一個經得起驗證的答案，是一項嚴格的數學模型。但，它只存在人類的腦袋中，我們依然無法在自然世界中觀察到。所以那句話：「看不到不代表不存在」，真是最好的答案。

　　如果一個人從小就接觸高維度的資訊，沒必要一定就是生活在高維度的世界，以現在電腦強大的功能，它可以模擬出四維的投影。甚至本書所提到的高

維度的殘片，這類高次元以上的信息，這種如正常小孩生長的方式，不斷積累這種高維度的資訊，那麼等到此人大腦成熟後，臆測中那它應該擁有四次元的觀察能力。

當本書封面中小小女主角，擁有北歐古神血脈的小拉，面對憤怒的古生獸，一隻成熟的上古巨龍對著小拉咆嘯，小拉不說分由從高維度拉來一組連續的四面體，準備砸向這隻沒有禮貌的大傢伙。

故事發展到這裡只能說那隻巨龍很冤枉，牠只是想向小拉索還自己的孩子，也就是小拉身邊的那隻古生獸的幼生體摸摸茶。

巨龍只是宣示牠與幼生獸的關係，以及要將牠的孩子帶回去。

對一個龍族而言，尤其還是上古龍族這一脈來說，擁有智慧的巨龍這樣將來意說清楚講明白，已經

是很有禮貌了。但巨龍的龍語對小拉而言不啻咆嘯,不管聽得懂不懂龍語,還是一個小娃娃的小拉二話不說,拉出一個大傢伙要對付眼前這個大傢伙,這種事就不足為奇了。

引言

　　現代人學習數學是非常有系統的一件事，從認識整數開始、加減乘除、分數⋯⋯一整套下來讓人很容易懂得數字的運用。

　　一般的日常生活也很少會超過整數的加減乘除，再深入的學習對沒有數學或者說數字天份的人，可能就是一道牆、一道鴻溝。

　　2+3=5，這很好理解，兩顆櫻桃加三顆櫻桃，我的手上有五顆櫻桃，這不需要經過什麼正統的學習，只需一些些生活經驗就可以裡解。

　　2×3=6 這就需要經過學習才會理解，但是 $\sqrt{2} + \sqrt{3}$ 呢？它等於 $\sqrt{2} + \sqrt{3}$，數學式寫成 $\sqrt{2} + \sqrt{3} = \sqrt{2} + \sqrt{3}$，這真的是⋯⋯一言難盡。但是 $\sqrt{2} \times \sqrt{3}$ 呢？$\sqrt{2} \times \sqrt{3} = \sqrt{6}$，為什麼乘法的運算與整數的運算一樣，加法卻不行？無理取鬧！難怪當初發現它的人將它取名為無理數。

原由當然不是這樣,解釋起來稍嫌專業,但取其命名的精神就是無理這個意思。

　　古希臘先哲遇到的問題,現在我們莘莘學子同樣會遇到。一個邊長皆為 1 的正方形形它的對角線為何?畢氏定理告訴我們 $a^2 + b^2 = c^2$,所以 $1^2 + 1^2 = c^2$,而這個 c 平方開根號後就成了無理數 $\sqrt{2}$。整數與分數中找不的數值,不得不妥協下的產物。

　　因為本質上是如此,無理數的答案不斷地出現各種數學應用上,這是在學習數學一個無法避免的事實。漂漂亮亮的整數邊經過一番運算,往往求出來的答案是分數或是無理數,分數還好,手中有電子計算機可以一直算下去,可是一旦出現無理數,那非得有良好的數學底子才有辦法繼續運算。

　　數學教材怕嚇走多數的學子,出題的老師們往往將這種艱辛的題目,做成易懂易學盡量是整數或是分數的答案。不可避免地還是有很多無理數的項目要

去碰,為了擺脫無理數的糾纏,在學習三角函數的過程中,總想挑簡單的算⋯⋯這當然不可能,想挑簡單的就不要學數學,學到算術就可以了。一種偏執的脾性,或者現實的侷限讓筆者專挑簡單的整數運算,卻因此跌進一片美麗繽紛的整數花海中。

基礎篇

第一章

探　索

在學習三角函數不可避免的一定會去碰到一組非常漂亮的三角形，三邊長分別為 3, 4, 5，它又是一個直角三角形，或稱作埃及三角形，就是埃及人以這個比例建造金字塔，網路上或各類著作有很多的介紹，這邊就不再詳述。

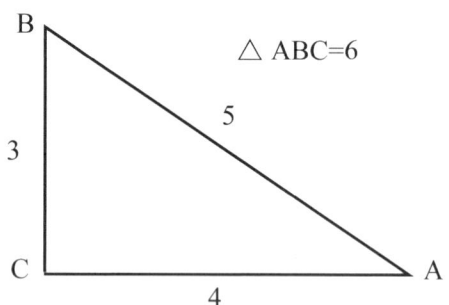

它的面積剛好是 6，這是一組簡單易懂的三角形，如果每個三角形有這樣的整數邊整數面積該有多好，學習三角函數就不再是多數人的障礙，只可惜這只存在個人的幻想中，現實還是得面對。

我們是不是可以給定一些特定的條件讓三角形的各項運算簡單些？

Herron 三角形，一般所熟知的海倫三角形，古希臘數學家亞歷山卓的海倫所提出邊長與面積皆為有理數的三角形。雖說是有理數，但如果遇上小數點後多位數還是一樣很難運算，所以多數人還是習慣整數邊的三角形，它依然屬於海倫三角形，尤其在利用有名的海龍公式 $\triangle = \sqrt{s(s-a)(s-b)(s-c)}$ 求面積時特別好用，海龍公式名稱是摘自中學數學課本，其名稱與海倫只是音譯不同而已。

海龍公式不需要用到三角形的高，只需取三角形的三邊長分別為 a, b, c，而再取其周長的一半即 s=(a+b+c)/2，如此一來公式的要素齊全就可求出面積。

摘自《維基百科》：海龍公式由古希臘數學家亞歷山卓的海龍發現，並在其於公元 60 年所著的《Metrica》中載有數學證明，原理是利用三角形的三條邊長求取三角形面積。亦有認為更早的阿基米德已經了解這條公式，因為《Metrica》是一部古代數學知

識的結集，該公式的發現時間很有可能先於海龍的著作。

在沒有筆紙，電子計算機的狀況之下，只能挑最簡單的整數邊整數面積下去探索。這類的三角形有多少？無限多個。以三邊長 3, 4, 5 的三角形為例，每邊乘以 2，三邊長為 6, 8, 10，代入海龍公式得出的面積是 24。換個大點的數，如果乘以 13 呢？三邊是 39, 52, 65，面積是 1014，它們都是整數邊整數面積，面積是邊長的平方，只要邊長乘多大的正整數，面積乘以這個正整數的平方就是新三角形的新面積。其它整數邊整數面積的三角形一樣如此，正整數是無限的，所以這類的三角形同樣是無限。

三角形已被人類探索了兩千多年，它的各項性質已經出現在人們的創作之中，在追隨巨人的腳步中，一心一意地探索大數值的三角形，三邊長分別為：53301709843201, 53301709843202, 53301709843203，

它的面積為 123022038086024129594896536O。依舊是整數邊整數面積的海倫三角形，應該稱它為本原海倫三角形，它還有其他名稱，不過就不在這裡正名了。

它的邊長是 14 位數，面積是 28 位數，這個大數值三角形是由一組較小數值的三角形求得，給定的條件是連續的等差數列整數邊與整數面積，這就不能用面積是邊長的平方去求出了，只有另闢蹊徑。

這個大數三角形是依據剛才給定條件找到的第 24 組三角形，它的面積依然可以被 6 整除，它的高是有理數等等，海倫三角形該有的性質與定理一樣不少。

可是求出那麼多組的這類型三角形，還真讓我發現它們一些隱藏的性質。

連續的等差數列整數邊與整數面積三角形△ABC對應的三個邊為 a, b, c，b 邊 =n，則 a, c 分別為 n+1, n-1，周長 a+b+c=(n+1+n+n-1)=3n、周長的一半 s=3n/2，這是運用海龍公式求面積的各個子項，根號裡的 s (s-a)(s-b)(s-c) 必定是平方數，面積才能是整數。

它所具備的性質如下：

一、每組三邊長的個位數只有兩個型態，1, 2, 3 或者 3, 4, 5，且 1, 2, 3 型態只出現在第 3 第 6、9……等 3 的倍數組中，依照之前所提的 24 組三角形，那 1, 2, 3 型態就有 8 組，其它 16 組皆是 3, 4, 5 型態。

二、因給定的條件的關係，這些出現的數列必是二奇一偶的組合，這樣才避免了分數的出現，所以 s 必然是正整數同時又是 3 的倍數。

三、a, b, c 三邊三組數值必然有一組是 3 的倍

數，而且是唯一的一組。

四、因海龍公式給定的條件：$s=3n/2$，$s(s-n) \times 3 = 3n/2 \ (3n/2-n) \times 3 = (3n/2)^2$，所以 $s(s-n) \times 3$ 必是平方數。

五、(s-c) 在奇數組中必定是平方數。

探索至此彷彿一片綠色的數字草原中，冒出了一簇簇顏色繽紛的花叢，而且整整齊齊的好幾排分列排向遠方。數字不再是冷靜的綠色，一排黃色，一排紅色的鮮花讓草原整個豐富起來。

列出 8 組最前面的三角形邊長與面積等有關的數據諸元：

△ abc 邊長　　　　s=a+b+c/2　　△ $= \sqrt{s(s-a)(s-b)(s-c)}$

1 組 a=3, b=4, c=5　　s=6　　　　△ $= \sqrt{6(3)(2)(1)} = 6$

2 組 13, 14, 15　　　s=21　　　　sqrt($21 \times 8 \times 7 \times 6$)=84

3 組 51, 52, 53　　　　s=78　　　　sqrt (78×27×26×25)
　　　　　　　　　　　　　　　　　　=1170

4 組 193, 194, 195　　s=291　　　sqrt (291×98×97×96)
　　　　　　　　　　　　　　　　　　=16296

5 組 723, 724, 725　　s=1086　　 sqrt (1086×363×362×
　　　　　　　　　　　　　　　　　　361)= 226974

6 組 2701, 2702,　　　s=4053　　 sqrt (4053×1352×1351×
　　 2703　　　　　　　　　　　　　1350) △ =3161340

7 組 10083, 10084,　　s=15126　　sqrt (15126×5043×5042
　　 10085　　　　　　　　　　　　 ×5041) △ =44031786

8 組 37633, 37634,　　s=56451　　sqrt (56451×18818×18817
　　 37635　　　　　　　　　　　　 ×18816) △ =613283664

由此 8 組數值可以比對出五項的規律，其中第五項裡的平方數有興趣可以自行推算。

由於它們的出現是如此的規律，所以帶出許多潛藏的規則，也讓我的探索有辦法繼續下去。

第八組三角形的邊長是五位數，面積是九位數，可預測的第九組的邊長面積數值更大。別看只是萬位數，每三個連續整數運算一次，一萬以下差不多就要運算一萬次⋯⋯以此類推，這個興趣已經變成一個繁重又單調的工作，很容易迷失在無窮無盡的數字草原中，眼前就是一片片模糊不清的數字，再也找不到出路。

　　要從一萬組組合數列中找到我們需要的整數面積，剔除掉那些不是整數答案，卻又佔了萬分之九千九百九十機率的無效數值這一點都不輕鬆，也不能犯錯，萬一你錯誤的運算中那組數值剛好是一個正確答案呢？那真的會令人扼腕，因為最大的可能是直接運算下一組，畢竟要運算的數列有那麼多，怎麼會在一組數列上浪費太多時間？

　　這是兩難，曾經前人遇到的問題同樣困難，做與不做？

隨著找到越大越多的答案,越來越多的規律就浮現在眼前,就好像之前提到那些,那是不是可以從中找到一個捷徑,讓我們的旅程可以輕鬆些?對!是旅程而不再是工作了。

第二章

常 數

尋找平方數會隨著數值越大，在整數中就越稀少。個位數最大的平方數是 81，在 100 以內共有 9 個，所以它出現的機率相當於十分之一，1～100 在五位數裡也只佔了 100 個，相當於百分之一，1～1000 約千分之一，以此類推每推進一個位數，其機率就要下降一個位數，在大數值中的平方數將稀少的可憐，不過它依然是無限的。

海龍公式裡面的子項 s(s-a)(s-b)(s-c) 其乘積須是平方數，三角形的面積才是整數，所以數值越大時尋找起來就越困難，如果想要以現有的辦法去找出之前給定條件的三角形，應該是一件令人艱辛又痛苦的事情，哪怕你不用海龍公式，用的是其他方法（就不在此列舉其他的面積方程式），情況只會令人更絕望。

4, 14, 52, 194, 724, 2702, 10084, 37634 這八個數值分別是前一章所列八組三角形的 b 邊，由後組除以前組 14/4=3.5，52/14=3.714285…37634/10084=3.73205077，除了第一組外其餘求出的概略的數值

約是 3.7 倍多。

　　三角形的其他數值相除算出來差不多是一樣的近似值，其他的邊、s、(s-a) 除以前組其他的邊、s、(s-a) 也很接近這個值，面積需要這個值的平方，正如面積是線段的平方。

　　那麼有序美麗繽紛的花海中，怎麼可能沒有它的脈絡可尋？這個數值就是它的脈絡，它是不是一個常數在網路上我找不到，更沒有它的數學代號，為求接下來方便敘述，只好用古希臘數學家海倫的第一個英文字 h 暫時為之。本文的計算不會用到三角形的高這個數值，所以常數用 h 這個代號應該不會讓人產生困擾。

　　將 b 乘於 h 就可以得到下一個三角形 b 邊的近似值，以第八組三角形 b 邊 37634×3.73205077=140451，此時的常數是採用 8b/7b 的精度，再依據第一章所舉的第一條規律，三角形的三邊個位

數有兩組，1, 2, 3 與 3, 4, 5 兩組，如果採用 140453, 140454, 140455, s=210681，代入海龍公式得出值 8542182781.7321 並不是一個整數。此時可採用的另一個等差數列 140451, 140452, 140453，再重新計算，於是一個整數 8541939510 便出現在眼前，並沒有費多大精力與時間便找到整數面積的解，那尋找更大的整數邊整數面積的三角形就沒有那麼麻煩了。最後找到的連續等差數列的三角形邊分別為 140451, 140452, 140453，b 邊 140452 與利用常數得出的答案 140451 相差無幾，利用現有的常數精度很輕易地找到下一組三角形，用新三角形 b 邊再除以 8 組的 b 邊，就可以得到一組新的常數數值 3.7320508051，而這就極有可能是第九組的三角形，接著利用新三角形的數值我們可以往後計算出更大數值的整數面積三角形，尋找大數值的三角形旅程前面好像是一片坦途，前途一片光明？

為什麼不敢用肯定句？因為實際上我只計算到第六組的三角形，可以肯定第六組以前，連續等差數列整數邊整數面積的三角形就只有這六組，往後的全部是推測，因為這種數值排列太有秩序，就好像 13 與 14 之間容不下另一個整數，如此自然的事，我自然將它視為整數的自然定律之一。至於後面更大數值的三角形之間有沒有其他三角形，只待各位英雄大神的壯舉了，同樣給定的條件下，能不能找到別組三角形來推翻我的推論。

　　以下就我所找到的三角形所做的敘述：

　　接下去一組一組大數值的整數面積三角形出現了，一片一片色彩鮮艷的花叢橫亙眼前，沿途的景色目不暇給，讓這趟旅程更是豐采多姿美不勝收。

　　這個常數真的可以一直運用下去嗎？

經過一段時間反覆運算，越過這最前面的八個三角形往後尋找，當邊長達到 20 幾位數時，一組數字反覆出現 3.73205080756887729352，這個小數點後面有 20 位，這不是一個絕對值。事實上它是三角函數 tan75º 值 =2+ $\sqrt{3}$，小數點後面就是 $\sqrt{3}$ 的小數，在中學的教材上 tan75º 是 75 度角的對邊 ÷75 度角的鄰邊，如圖所示；

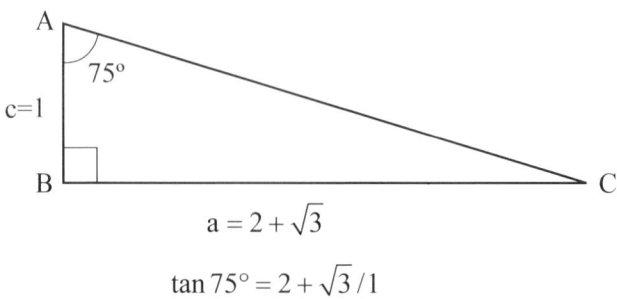

而這個 75 度角的對邊 a 邊就是我們找到新的三角形的 b 邊，而鄰邊 c 邊則是我們原有三角形的 b 邊，這是一個巧合還是別有含意？這點個人持保留意

見，延伸閱讀會有筆者的觀點與更深的探討，畢竟我要找的是更大的三角形。這個值暫時不在此討論。

雖說有了這一組精度 3.73205080756887729352，但它還是有侷限性。畢竟它的小數點只到後面 20 位數，一旦三角形的邊長超過了二十幾位數，它的誤差也會相對的擴大，此時要計算便很麻煩，動輒幾十位數的數字輸入，每次只計算個位數的一組數值，雖說已縮小到一個誤差範圍。但動不動就是千分之一、萬分之一甚至百萬分之一的機率，找出它到底是不是整數面積這件事是一個怎樣令人絕望的工作？

本書後面有已經找出的三角形列表，可供閱讀參考。舉個例子三角形第 50 組 b 邊 39571031999226139563162735374 共有 29 位數，b×h=1476811011929045799117709195034，計算結果四捨五入得到的數值看似很接近，同樣尾數是兩個等差數列 1, 2, 3 與 3, 4, 5 的其中一個，問題是它是一個 30 位數的數值，

所以常數的精度便不夠了,兩者相差了 10 個位數（這邊僅以位元計算）,所以誤差值級數擴大,找出整數面積的機率隨之急速縮小,小到小數點後面一大堆 0,在此就不列舉那種會令人眼花撩亂的數值了,實際上計算出來正確的數值確實與之誤差了十個位數。下面列舉兩者的差異：

正確數值 147681101929045799118003854452

誤差數值 147681101929045799117709195034

看起這種數值的差異已經不是我們一般人可以計算的,歸根究底還是 h 的精度不夠,$\sqrt{3}$ 的小數還須往更小的數值挖掘。

第二章　常　數

　　本文已經有整數強迫症，心心念念除整數之外餘者非吾道中人，除了整數外基本無法接受其它種類的數出現在運算的解答中呢，怎麼繞了一圈又跑出來一個無理數 $\sqrt{3}$ 呢？關鍵就在那些往後的小數，我們要算出更精準的 $\sqrt{3}$ 值，這真是上天給我開了一個大玩笑，就是對無理數的恐懼，到頭來還是要求助無理數⋯⋯此時真是有一種「天意君須知，人間要好詩」的那種無力感⋯⋯扯遠了數學扯到文學。

　　網路上搜索得到的 $\sqrt{3}$ 精度小數點後面達到 60 位數，這確實可以暫解我們的障礙，但，一但我們所求的整數解達到 70 位 80 位乃至破百位數時，那時不又是得面對現在同樣的問題嗎？這時候已經不是我們家中個人電腦、手中的手機、計算機可以應付得了的狀況了，非得求助更專業的工具或者人士，這就有違我們的初衷了。

難道這趟有趣的旅程就要打住了嗎？非得更專業的才能繼續走下去，接下來就沒有我們的什麼事了！？

第三章

一個半

實際上有一個半的方法讓我們簡單地繼續一路尋找下去，不必費太多心力就可以欣賞這趟旅途的沿路美景。為什麼是一個半，方法總是一個一個出現，怎麼就有半個的呢？

先說一個的。此時我們需要進入海龍公式的深層，第一章講過五個規律，此刻要再列舉其它規律。

如之前所提 a, b, c 邊分別為 n+1, n, n-1，所以 s=3n/2。當 s-a=3n/2-n+1=n/2+1，s-b=3n/2-n=n/2，s-c=3n/2-n-1=n/2-1，三個子項分別為 n/2+1, n/2, n/2-1 又依據第一條規律 b 邊的個位數不是 2 就是 4 是天然的偶數，所以 n/2 必然是整數，如此 a, b, c 三邊必是連續等差數列。

六，因是連續等差數列的邊，所以子項 (s-a), (s-b), (s-c) 也是等差數列，三組數值中必然有一組是 3 的倍數，且是唯一的一組，3 的倍數 (s-a) 在奇數組，(s-c) 反之在偶數組，這個規律一直反覆出現，一種自

然數中的自然現象。

七，接續六項的延伸規律，(s-a), (s-b), (s-c) 出現偶數分別為 (s-b) 出現在奇數組，(s-a), (s-c) 會同時出現在偶數組。

依據第四項的規律，亦既 s(s-b)×3 為平方數，加上第六項 (s-a), (s-c) 必然有一個 3 的倍數，此時我們可以排除了 s 與 s-b 這個兩個子項，只要 (s-a) (s-c) 除以 3 能得到平方數即可。

範例

以第五、六組海龍公式的子項為例：

5 組 sqrt (1086×363×362×361) 取 363×361 開根號並不能得到整數，而除以 3 後開根號就得到 209，209 再乘以第四項的規律，亦既 s(s-b)×3 的平方根 1086=226974，這個整數解與原公式 $\sqrt{1086×363×362×361}$ 的解一樣。

6 組 sqrt（4053×1352×1351×1350）取 sqrt（1352×1350/3）=780

780×4053=3161340

以上是正確答案的正解，在運算時少了幾道手續，大大縮短尋找正解的程序。

在尋找更大的三角形時，多數時候卻是錯誤的數值，在為數較小的數值運算上，這個方法可以迅速找出我們需要的答案，但在大數值上就還是沒有那麼方便，此時只能尋求更簡單的方法，就是找出單個子項的平方數，(s-a) 或 (s-c) 任一項除以 3 或者不用除也能形成平方數。

依據第五項規律，奇數組 (s-c) 必然是平方數，所以此時應該就不需要除以 3 這道手續，但是你在尋找不確定的答案，令你不能肯定到底找到的是哪一組，所以還是將任何方法都用。

同樣用第二章最後那組用常數算出有誤差的大數值來演算：50組b邊×h=147681101929045799117709195034，這是一個有誤差的b邊，因數字太長就不一一列舉，經過簡單的運算(s-c)=73840550964522899558854597516，開根號得到271736178976084.99999972，並不是一個整數，(s-c)/3=156886956080402.99999984，開根號後同樣不是一個整數，就算在這個新b邊正負一百萬數值內計算，也得不到我們要的整數答案，這就是它令人絕望的地方。還有兩種必須考慮進去的可能，稍後我們用較小的數值來演算，避免動不動一堆長長的數字。

不過我們很幸運，兩組開根號後的數值皆是小數點後頭有一堆9，依照最簡單的四捨五入，他們的個位數全部進1，得出的新數值便是我們需要的整數子項。至於是哪一個？這時只要逆推回去很容易就可以得到我們需要的整數答案。

當然不會每次都那麼幸運，實際上因為第七條的規律在遇上偶數組時，便會陷入誤差極大化的數值，此時四捨五入便沒有效。因 (s-a) (s-c) 此時同時是 2 的倍數，這時還有兩種方法須考慮進去，將任一子項除以 2 或者除以 2 再除以 3 得出的數值來推算正確答案。

以 6 組的子項 (s-a)=1352 為例，經過 $\sqrt{(s-a)}$，$\sqrt{(s-a)\div 3}$，$\sqrt{(s-a)\div 3\div 2}$，$\sqrt{(s-a)\div 2}$ 的四種運算，最後得到 $\sqrt{(s-a)\div 2}=26$，再依據第六與七條規律往前或往後推論它的等差數列，先用 1354 同樣套入四種算法，結果四個答案全部沒有整數，很明顯逆推回算這組也不可能是整數。如此再尋求另一個等差數列，依據規律此時也只剩唯一的一組數字 1350，經過四種運算正確答案出現在 $\sqrt{1350\div 3\div 2}=15$，這正是我們需要的答案，式子就是：$\sqrt{1,352\times 1,350\div 3}=780$，780 再乘上第四條規律 s(s-b)×3 必為平方數，因此該數開根號後就是原本

的 s，亦即 4053，式子 780×4053=3161340 與公式 sqrt (4053×1352×1351×1350) =3161340 的答案一樣。

如果不是這個 1350 的數，那下一個數便跨過等差數列，1352 這個數值便不再適用，整個項目便須重新尋求新的數值計算。

上述是較小數值方便演化出一系列的固定算法，以此類推同樣適用於大數，差別在於答案不是整數時，小數點後面呈現 9999 或者 0000 之類的小數，四捨五入反而適用於大數值而不在較小的數值上，這簡直是自然數為我們開啟一道捷徑，讓我們有辦法往大就是美的方向繼續前行。

現在我們可以回過頭來，重新檢視本章前面提到的那種錯誤數值如何讓它簡單地變成我們需要的正確答案。由 50b×h= 新三角形 b 邊子項：(s-c) =73840550964522899558854597516，開根號後得到的

答案 271736178976084.99999972。

　　我們有四種算法需演算，但為了避免長長的數值令人眼花撩亂，依據第五項規律 (s-c) 在奇數組中必定是平方數，就只針對 (s-c) 開平方來敘述，如前面開平方後 271736178976084.99999972，採四捨五入後為 271736178976085，這個數值再平方為 73840550964522899559001927225，依據三個子項為等差數列，如此 (s-a)=73840550964522899559001927227，這個數值再經過 $\sqrt{(s-a) \div 3} = 156886956080403$，除以 3 後就是平方根整數解，一個正確答案躍然眼前。

　　如此再一步步逆推回去 b 邊 =147681101929045799118003854452 一個正確的解，再將原 50 b×h =147681101929045799117709195034 兩個數值一比對從百億位就不一樣，依循最簡單的方法，一組一組數值下去運算，想要找到正確答案那只會讓自己了無生趣。

方法解釋起來稍嫌繁雜，但這卻是本書的一個基礎方法，它將會適用在其他地方，尚請諸君不厭其煩深入了解。

已經盡量排除 $\sqrt{3}$ 帶來的困擾，常數不是萬能，但它還是很好用，雖有精度不足的問題，這個方法也能稍稍補其不足。

本章可能稍嫌冗長又難以理解，有沒有簡單點的？

我們接下來談的是真正的捷徑，那半個的辦法，而且看起來真的簡單些。

第四章

自然是數學的

半個辦法，因為這個辦法只能找到偶數組的整數答案，並不是像常數 h 那樣可以一個一個找過去，遍佈所有的偶數與奇數。可是它卻又可以迅速找更大數值的三角形整數面積，所以令人不覺明厲，神奇的好像穿越愛因斯坦羅森橋，跨過遙遠的時空直接來到陌生又炫麗的星空之中。曾經還在糾結三角形的邊長是幾十億千萬的數值時，一下子來到了十九、二十個位數的境界，這下眼前的美麗新世界讓我不再糾結怎麼唸出它的發音了，還沒被眼前天文數字般的美景迷倒，一覺醒來數值又推進到了三十幾位數，這下真的是天文數字了。橫亙在眼前的是瑰麗壯闊數字星空，令人眼花撩亂一列列長如星河的數字，如何不令人目眩神迷，如何不讚嘆大自然神奇？

　　在利用常數一個一個發掘三角形的整數答案時，不經意發現另一個方式可以找到另一組連續等差數列整數邊與整數面積的三角形，依然要利用海龍公式的子項：公式列成 $(s-a) \times (s-c) \times 2 = \text{next} (s-c)$。

前組兩個子項相乘再乘以 2 可以得到一個新的子項 (s-c)。從第一組依序排列：

第一組　　3×1×2=6，

第二組　　8×6×2=96，

第四組　　98×96×2=18816，

第八組　　18818×18816×2=708158976，

第十六組　708158978×708158976×2=1002978273411
　　　　　373056，

………

每組乘積的答案剛好是該組三角形二倍項三角形中海龍公式的子項 (s-c)。

這些推導的數值答案可以參考本書後面的三角形諸元的附錄列表。

沒有變幻莫測的變化，因為公式裡頭乘 2 的關係，所以它新組項剛好是原項的二倍組態，這就真的很神奇了。以此類推的 3 組可以找到第 6、12、24……等組，第 5 組可以找到 10、20……等組，每一組三角形皆可找到一組更大的三角形，不管是奇數組或是偶數組皆可推導出兩倍項的新子項，結論是每個偶數項皆可對應一個前項，因此探索之旅步伐可以迅速加快，只要手中的計算工具強大，幾乎是沒有什麼障礙可以阻擋你。

看起來這趟旅程堪稱精彩，大自然暗藏的私人景點竟然如此神奇……其實這一點都不神奇，只要細細拆解後，我們就會發現自然數本該如此。

以 1、2、3、4……為例，每三個連續數分為前中後項。每個前後項兩兩相乘：

$1 \times 3 = 3$

$2 \times 4 = 8$

$3 \times 5 = 15$

⋮

⋮

$361 \times 363 = 131043$

每個中間項平方

$2 \times 2 = 4$

$3 \times 3 = 9$

$4 \times 4 = 16$

⋮

⋮

$362 \times 362 = 131044$

中間項的平方永遠大於前後兩項的乘積為 1，這是自然數的基本規則。

所以每個前後項相乘再乘以 2 將與中間項的平方差 2，這剛好可以符合海龍公式的子項，也是連續等差數列的 (s-a) 與 (s-c) 必須相差為 2。

所以當前項海龍公式的子項，(s-a)×(s-c)×2 嵌入後項的 (s-c)，前項的 (s-b) 平方後乘以 2 就可以嵌入後項的 (s-a)，如此一來新三角形海龍公式子項的 (s-b) 就自動浮現出來，這三個連續數又符合之前所提的各項規律，一個新的更大數值的三角形便出現。

這真是平凡中見神奇，或者神奇中見平凡比較合適。

現在所討論的皆在海龍公式的子項，並不可以隨便挑選一組自然連續數來運算，通常一番運算下來公式的答案並不是一個整數平方根的值。就挑一組看起

來很像的數字來試算看看：

三個子項分別為 18, 17, 16，s=51。看起來很符合我們的各項規律，18 是 3 的倍數，16 是 4 的平方，連三角形三邊的個位數都符合 3, 4, 5 這個第一規律，可是計算後的答案是 204$\sqrt{6}$ 卻不是整數。這種例子很多不再多舉例，所以我們在尋找新的三角形時還真須從原有的三角形下去著手，循著既有的數值追索下去方為良策。

有關這項推論的數學證明，因為無關乎我們探索新三角形的整數答案就不在此論述，此項證明會單獨成篇放在本書後頭以供參考。

現在就用這半個辦法的方法來看看我們可以找到多大整數面積的三角形，就從原有的數值中挑一組，第三組海龍公式的子項 (s-a)×(s-c)×2，27×25×2=1350，1350 則為新三角形子項 (s-c)，依據第六項規律 (s-a) 則為 1352，各項數據逆推後，運

算出來的面積 3161340 符合整數根的要求，接下來用表格來顯示越來越大的新三角形數值：

由海龍公式子項找到新子項 n (s-c) 的列表

(s-a)×(s-c)×2= n (s-c)	新三角形的面積
27×25×2=1350	3161340
1352×1350×2=3650400	23080317394680
3650402×3650400×2=26650854921600	123022038086024129 5948965360
26650854921602×26650854921600×2=1420536136104448487712806400	349514501276830036981860125925375100644873639587053872 0 共55位數

最後一組數值已是第 48 組的子項，如果你願意可以再繼續計算下去，直到受限你的工具能耐。

只經過短短的幾次運算，便把數值推到一個不可思議的大，這個半個的辦法真是不可小覷，一種簡單的運算便把正確的答案一直擴展開來，自然數的祕密

花園便一一展現在我們的眼前。行筆至此不禁要讚嘆大自然的奧妙，也要向前輩先哲致上最高的敬意，因為有他們的植樹，我們才可以在這棵大樹下乘涼，甚至爬到樹上得以看見遠方那波瀾壯闊的美景，讓我們的靈魂也跟著豐富精彩，因為他們的耕耘才有今天我們的成長茁壯。

第五章

規律的進階模型

浩瀚無垠的數字星空波瀾壯闊的數據草原，上頭卻有一片片整齊美麗的花園，這其中所能探索的資訊實在太龐大了。初接觸或許不會覺得，它也許如一般的數學課題，總需要一些規範，總有一些規律可循，可當越來越深入後才發現這片花園裡頭的水池水深得很。

為了探索更大的三角形，所以從顯現的數字星空去尋找那一條條的規律，將其連結起來成為探索星空的基本指標，借用其相當於星座的功能來尋找其它的星域。除了之前提到的幾條規律外，應該還有許多潛藏的規律可以發掘出來，這裡列舉一種三角形邊長進階版的規律，能有助我們尋找新三角形時的確定性。

除了在第一條規律所指邊長個位數只有兩組狀態 1, 2, 3 與 3, 4, 5 外，在邊長的十位數也存在著跨度很大的循環規律。它們以三角形邊長由小到大排列狀態，三十個三角形為一個循環，每組三角形的末兩位數各有其固定的位置，所呈現出來自然的整齊規律狀

態令人感嘆不已。

十位數以 3 組為一個小循環,每個三角形所在位置的組態分為 3x-2,3x-1,3x 三種,x 是自然數,依據下列表格我們取每個三角形的 b 邊來呈現其規律的排列狀況:

x	組態	3x-2		3x-1		3x	備註
1	1	000004	2	000014	3	000052	
2	4	000194	5	000724	6	002702	
3	7	010084	8	037634	9	140452	
4	10	524174	11	956244	12	300802	
5	13	246964	14	687054	15	501252	
6	16	317954	17	770564	18	764302	
7	19	286644	20	382274	21		空格無數值
8	22	587534	23	107684	24	843202	
9	25	265124	26	217294	27	604052	

x	組態	3x-2		3x-1		3x	備註
10	28	198914	29	191604	30		
11	31		32	746114	33	906052	
12							

由這張列表可以很清晰地看出它們的循環規律，組態 3x-2 的十位數以 0 開頭依序走完 0, 9, 8 … 2, 1 的一個循環，而在 x3-1 的循環更是 123…90 走完一個循環，兩者剛好相反對映排序。至於為什麼會這樣，會以如此規律排序……筆者能力不足，所以找不到深層的原因，一句話，不知道。

3x 則以不同方式表現，0 與 5 交互排列一直到永遠，誰也不貪心，乖乖地依序出現規矩無比，它們兩太搶戲了。

言歸正傳，依照此表當計算出新的 b 邊時如第 49 組，它是 3×17-2，組態是 3x-2，x 是 17 等於第二

循環的第 7 組,那末二位數就應該是 44。第 110 組呢?它是 3×37-1,第 2 種組態 3x-1,x 尾數是 7,所以 b 邊的末二位應該是 74。偶數組其實不用那麼麻煩,第四章裡那個半個的辦法,簡單就可以找到偶數組的整數三角形,這裡只是範例教學。

至於第三種 3x 的模式那就更簡單了,奇數組 x 的十位數是 5,偶數組 x 就是 0,末二位 52、02 交互出現,然後就沒有然後了。

三種模式可以在還是一片迷霧時,讓我們更準確地從那個地方入手,只要不要常數精度在小數點只有二十位時,就要挑戰三十位數的邊長,這個輔助的模式應該可以增加找到整數三角形正確答案的機率。

因為除了這邊長裡十位數新的模式,百位,千位乃至更大的位數呢,它們有沒什麼規律呢?截至目前筆者尚未找到,所以將表列的數值直接記上 6 位數,方便大家閱讀搜尋,望諸君能從中發現什麼規律、模

型,我找不到,不代表沒有,更不代表諸君也找不到。三人行必有我師,望大家共勉之。

　　後記,表列空格是因為該組的三角形可能尚未計算出來,或者該組三角形的諸元沒有齊全,因為數字太多了,索性偷懶一下跳過去,免得不小心數字疲乏。諸君如有興趣可自行計算填上去⋯⋯沒有強迫症的問題。

第六章

面積對不對

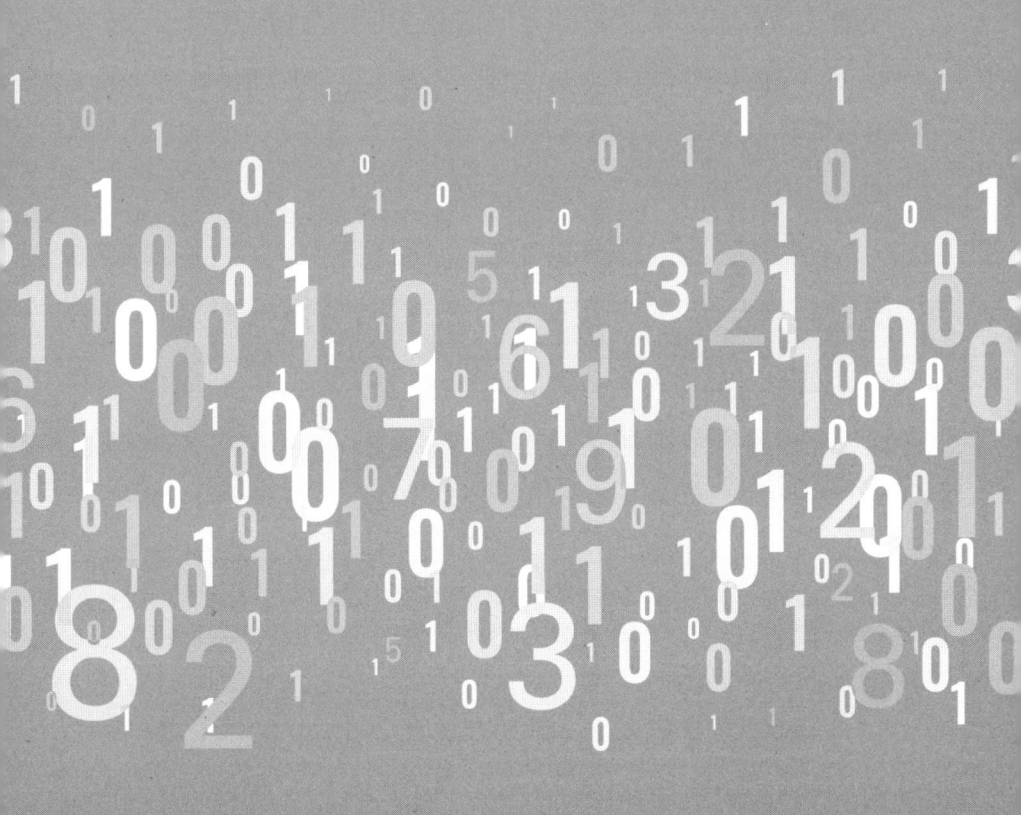

說一千道一萬，前面幾章提了那麼多規律、方法，目的就是要找出連續等差數列整數邊整數面積三角形，小數值的答案依據手上現有的工具計算機、電腦大概能輕易地完成復算，檢驗答案的正確與否。但，一旦數值放大到計算機、電腦也無法運算出精確的數值時，那要如何確認我們所計算出來的答案是否正確？難道就交給電腦，電腦給我們什麼答案，我們只能將就這個答案？

就像現在仍在進行式的尋找大質數，全靠超級電腦計算出答案，然後等新的超級電腦再去驗算這個新質數，至於答案正不正確由它們說了算，因為新的質數答案的數字排列長度已經超過一本書了，驗算它的正確性根本不是人力所能及的事，而這還是發生在2018年以前的事，有興趣的人可上網查查看資訊很多。

我們是不是在這趟探索旅程可以更加確定我們找到的答案是正確的，而不只是電腦給什麼答案我們就

吞什麼答案?還真的有!

整數面積的答案同樣有一整套規律,跨度也同樣是 30 組為一個大循環,在這個循環中十位數以三種循環出現在不同的位置。

整數面積的個位數只有三個數,依照它的排列分別為 6, 4, 0,如下:

三角形面積

  第 1 組　　　　6

  第 2 組　　　　84

  地 3 組　　　　1170

  第 4 組　　　　16296

  第 5 組　　　　226974

  地 6 組　　　　3161340

    ⋮

它們以 3 個數為一個循環，一直重複出現。整數的平方數在 0～9 的個位數共有 6 種可能，分別為 0, 1, 4, 5, 6, 9，受限於它的規則所以只能有偶數平方的出現，這就是為什麼面積的個位數只 6, 4, 0 三種狀態。

十位數呢？十位數就精采多了。看總表可能比較難以察覺它的規律，現在分別將它們分門別表列出來。

設 x 為自然數，面積的數值在個組組別有三種型態：3x-2，3x-1，3x，與邊長同樣的循環組態，但數質上卻大不相同。

與邊長同樣的理由，方便找到更高位數的規律，所以我們將列出後面 6 個位數的數值：

x	組態	3x-2		3x-1		3x	備註
1	1	000006	2	000084	3	001170	
2	4	016296	5	226974	6	161340	

x	組態	3x-2		3x-1		3x	備註
3	7	031786	8	283664	9	939510	
4	10	869476	11	233154	12	394680	
5	13	292366	14	698444	15	485850	
6	16	103456	17	962534	18	372020	
7	19	245746	20	068424	21		
8	22	902236	23	919114	24	965360	空格無數值
9	25	595926	26	377604	27	690530	
10	28	289816	29		30	846700	
11	31		32	969984	33	092870	
12							

3x-2 組亦即第 1, 4, 7, 10……組，很有整數的規律從 09……21 倒數排列在十位數，跨過三十個三角形的面積數值為一個循環。

3x-1 組的十位數從 8 先出現，一個循環從 8, 7, 6……1, 0, 9, 十個數字後又回到 8，同樣是十進位的一

個循環，跨度一樣。

3x 這組有點不一樣，它以 7 開頭每次退 3 個數鑲嵌到它的十位數，同樣經過十組後完成一個 7, 4, 1, 8, 5, 2, 9, 6, 3, 0 十個按鍵式的數字循環。

沒有填上數字的組是尚未去將該組的三角形所有數值挖掘出來，所以沒有任何數值，但很明顯它們也會跟著這個規律顯現出來，應該不會有任何意外。

十位數所顯現出來的是令人讚嘆的規律，至於它為何會以這樣的形式呈現，我尚未探究出來。但在這樣的規律性之下，對尚未挖掘出來的三角形就有很好的助益，只要校對它的組別，我們可以預測它的末兩位數是什麼？如迄今尚未挖掘出來的 21 組三角形的面積末二位可能是 90，不要看列表，它組態 3x 這個 x 是 7，所以循環數的第 7 個是 9，面積的個位數是 0，合理的推斷就是 90。第 29 組應該是 94，那第 97 組呢？它的組態 3x-2 這個 x 是 33，相當於第四個循

環的第 3 個，那就是 8，所以它的末兩數是 86，這是不是很好用，當你求得到某一個大數值的三角形整數面積時，如果末兩數契合這個規律，那你那個求知慾的靈魂是不是就寧靜了大半，那顆躍動的心也跟著踏實不少了，此時電腦所顯示出那一長串的數字是不是和藹可親多了。

至於百位數乃至更高的位數呢？它們有什麼規律嗎？或許因此有一個公式可以直接找到三角形的整數面積值，如此一來可就省事多了。

面積數值透露出這種奇妙的規律是向我們展示什麼？自然數的規律無所不在？或許如第四章的標題一樣，自然是數學的。它並沒有太艱深的含意，自然本該可以用數學來描述，無論大小、繁簡。

第七章

應 用

此時我們手上已經有諸多的線索來探索新三角形，第四章裡所提用子項尋找新子項的方法，筆者稱之為半個的辦法就不在此討論，後面附錄中有一章單獨的子項證明，有興趣者可參閱。

　　這裡我們要試算的是大數值的奇數組三角形，因為長長的一串數字看起來實在很傷眼，就盡量不在此列出，所舉的三角形各項數值後面的附錄皆有收錄，可直接參照。

　　第 151 組三角形 b 邊 231……004 共有 87 位數，以下所有數值皆只列出前後各三位數與總位數，方便大家閱讀。

　　第 150 組 b 邊 619……502 共 86 位數。

　　151b/150b = 3.732……114，小數點後同樣是 86 位數，當然這是一個 $2+\sqrt{3}$ 的無理數，後頭還可以求出一大片小數來，目前只需用這個值就夠了，這

個值當然就是目前最新的 h 精度。接下來 151b×h 等以……稍等一下，這樣會求到下一組的三角形，也就是第 152 組，很顯然我們不需要用這種方法自討沒趣，所以不妨可以將常數乘個平方直接跳過一組：151b×h^2=322……039.3398 共 88 位數還有一堆小數，就算個位數四捨五入後也不符合第一條的規律，所以也不會得到我們想要的整數面積三角形。

不過現在我們有升級邊長模型，可以直接翻過個位數在十位數中去尋找適合的數值。153 組是屬於 3 的倍數組，第五章討論過邊長十位數有三種組態，此時適用第三種 3x 的模式，奇數組 x 的十位數是 5，偶數組 x 就是 0，末二位 52、02 交互出現，153 組的末二位應該就是 52。

所以我們需要 153 組新 b 邊的數值就該調整成 322…052，以此邊長推導海龍公式所需要的各項諸元：$\sqrt{s(s-a)(s-b)(s-c)}$ =449…670 共 175 位數，開

根號後是整數沒有小數點，尾數對照升級版的面積模型，153組=3×51，等於第六個循環的第一組，完全吻合70這尾數，至此153組三角形的各項數值對照各個模板都沒有意外，不對也校正到對……所以又成功找到一個新的連續等差數列整數邊與整數面積三角形。

雖然是一路跌跌撞撞才將這個模式完備出來，但是筆者還是覺得很神奇，它沒有需要太深厚的數學底子，只要有一個大精的計算工具，以及比筆者好一點的視力，就真的可不斷地發掘一個個新的大數值整數面積三角形。

這趟數字草原之旅其中的樂趣，只有在親身走過後才能體會其樂趣，筆者提供的這個方法雖登不上大雅之堂，卻能提供吾輩之人，閒暇之餘度個百般無聊的午後、或者夜闌人靜的深夜成有趣的時光，讓你我的生活中多了點小確幸。

結　語

這趟探索之旅到達這裡不禁回頭望，這往後的每個三角形就好像一個正三角形，每個邊長只差1，在紙面畫或者電腦裡畫出來都像是一個正三角形，但它卻不是數學上的正三角形，一個三邊等長法理上的三角形。

　　這真的像是自然界的產物，不！它就是自然的產物，或許它沒有任何意義，或許它有某種用途，但它確確實實的存在，如摘自《維基百科》德國哲學家黑格爾的名言「凡是現實的東西都是合乎理性的（存在即合理）」一說。

　　或許早有先哲探討過這個領域，因為自身能力不足的關係，找不到這類尋找大數值三角形整數面積的資訊，只好一人孤獨地走在這條漫長的旅程，差幸沿途景色迷人天地間又浩瀚無垠，讓這趟漫長的旅途不會枯燥乏味堅持不下去，但卻也累積了大量龐雜的資料，這才決定整理出來付梓。

結 語

　　前面四章是最基礎，也可以讓人粉容易上手，對大數值有興趣的人不需要多高深的數學能力，也可以一頭鑽進這個有趣的世界，領域裡頭各種重複出現的規律交織成一個龐大的網路脈絡，我無法三言兩語解釋清楚，只等待有興趣的人去深入探索一一挖掘出來。

　　當探索到大數值時，此時往往因我提供的常數精度不足而面臨極艱難的挑戰，好像之前講過的那樣，但請不要放棄，回過頭翻翻本書前面幾章，它還是有脈絡可循，可以循跡找到更大整數數值的三角形。

　　這是一趟很值回票價的旅程，我迄今也仍然在旅途中，哪怕每次出現的數值都大的令人眼花撩亂，還是偶有精彩的地方出現，資訊量很龐大，將它去蕪存菁後整理出來的就是這樣一系列的基礎應用，希望這些能提供數字上的探索樂趣，豐富生活素材，撫慰躁動的靈魂。

行筆至此由衷的感激希臘先哲亞歷山卓的海倫，因為有他的海龍公式，我才能將這些東西挖掘出來述之成文，讓我的生活更加充實、生命更加精采，誠摯地以本書向海倫致上最高敬意。

　　僅此　基礎篇　end

延伸閱讀

常數的升級

之前重點側重常數的實用性，事實上在融會貫通這種利用常數來尋找新三角形的數值後，雖不是無往不利，但也算是最好用的方法了。

雖然有半個辦法的那種利用海龍公式子項求新子項的方式，但畢竟那個方法真的只能求得到偶數組，對奇數組真的無能為力。這種情形不是簡單的跳過就可以，因為當找到的新三角形通常是你手中最大的三角形數值。想要往前再找下去，除了再用同樣的方式找出一組新的偶數組三角形外，想利用常數找奇數組，卻發現常數的精度已經差太多了。

通常新找到的偶數組三角形是它的兩倍組，所以邊長或者面積的位元都會是原來的兩倍左右，此時常數小數點後面的位元會與新求得的各項數值差很多，再依據原有的常數想要運算更新的數值，那困難度同時也會增加很多，如果是在大數值奇數組的三角形時就變成一個不可能的任務。我們勢必要重新計算常數

的精度，讓它達到可以算出正確數值為止，這也是一件麻煩的事情。

如果將三角形邊長、海龍公式的各項數值，由小到大一行一行順序排列；$\triangle abc \rightarrow \sqrt{s(s-a)(s-b)(s-c)}$

3, 4, 5　　　　　　$\rightarrow \sqrt{6 \times 3 \times 2 \times 1}$

⋮　　　　　　　　$\rightarrow$

723, 724, 725　　　$\rightarrow \sqrt{1086 \times 363 \times 362 \times 361}$

2701, 2702, 2703　$\rightarrow \sqrt{4053 \times 1352 \times 1351 \times 1350}$

10083, 10084, 10085 $\rightarrow \sqrt{15126 \times 5043 \times 5042 \times 5041}$

⋮

每行之間有一個連繫，每組數值上下連結的就是常數 h，相當於這個陣列縱軸，a 邊連繫下個 a 邊，b 邊連續 b 邊，子項連繫子項，將它們整齊排列起來這是一個無限長的矩陣只知道開頭卻不知終點在哪裡，

這跟一條整數線相仿。

將整個列表連繫起來的並不是只有這方式，還有第四章提過的子項 (s-a)×(s-c)×2 = n (s-c) 及 (s-b)^2×2 = n (s-a)，同樣可以串出新的有效數值，邊長也有 a 邊 ×c 邊 = nc 邊，此處的 n 是指下一個，邊長與子項略微不同，它的中間項並不能成為一組有效的邊長，數值雖然大於 nc 為 1，但已經跨出三組有效邊長，參與運算無法得到整數解，所以只有一個新的邊長 nc 產生，同樣生成了一條不一樣的軸線串聯起整個陣列。

此時我們可以大膽假設，這類三角形視為一個捲縮的維度，每個三角形邊長（包含其他子項、s）的連結，常數是它的數值，每一個三角形代表一個座標位元，整數線上的排列也是 012345……而這個整數就是常數的次方，除了 b 邊外，其他數值乘上常數所得的新數值都不太準確，而獨有 b 邊特例，h 的次方

數值四捨五入後剛好對應其三角形所在位置,如圖所示:

組別	三角形 b 邊	常數的次方	備註
1 組	4	1	
2 組	14	2	
3 組	52	3	
4 組	194	4	
5 組	724	5	
6 組	2702	h^6	範例
7 組	10084	7	
8 組	37634	8	
9 組	140452	9	
	⋮		
27 組	2770663499604052	h^27	範例
28 組	10340256951198914	28	
	⋮		
h 精度	3.73205080756887729352		

每個 b 邊很完美地表現在整數線上，這不只是先來後到的順序，這是確確實實有數據支撐的順序，只不過它不是像整數線是以加法為底的，它是以指數為底的，同樣是一種可測量的維度，這樣這種三角形是不是多了一個維度？

　　連續的等差數列整數邊與整數面積的三角形有這樣的連結（其他情形不在討論的範圍），多了一項指向性的數據，等於多了一個點，讓這個三角形展開變成一個三次元的四面體，而這種三角形只是四面體在二次元的投影。

　　而之前第二章討論過常數是 $\tan 75 = 2+\sqrt{3}$，因此事情變得更複雜。設第 1 個三角形 b 邊為 b1，由它乘 h 得出的新三角形 b 邊為 b2，此時 b1 與 b2 之間夾著 tan75 的關係（兩者之間真正的夾角依照三角函數所示應該是 90 度），兩者可在同一平面上形成，此時我們是不是可以合理懷疑有一個新的三角形存

在，只存在數學想像中的第三個三角形，且可以推算其三邊等其餘數值。

事情真的越理越複雜，將幾個連結的三角形展開來，我根本沒有辦法在平面上作畫，三個三角形圖形就需變成立體，至於再多幾個根本連三次元都無法作畫，讓我不禁幻想是不是要畫進四次元，那四次元的五胞體要怎麼表達，畢竟那是我們憶想出來完美的三角形四次元表現。

演算推導時我們可以設定一個邊長為 1 的立方體或者四面體，它的二次元投影自然是邊長為 1 的正方形或者正三角形。但是現在所出現連續的等差數列整數邊與整數面積的三角形，每個前後三角形 b 邊卻由 tan75 的數值連結，在大數值時其它項也通用，這些顯而易見的資訊背後所隱藏的道理，卻是一個值得探討課題。

再接續探討的問題，不得不承認筆者能力僅至於

此，更深入的只能交給專業人士或者能力更好的人來探討，希冀以後能看到有人能將這種模型用 3D 影像展開來，秀一秀它到底是不是四維的一面，或者更高次元的投影，有可能稱它為高維度的殘像還來的比較貼切，因為這個維度有可能比四維還高，它所秀給我看到是一個二維的數值（三角形），以及用 h 這個數值串起整個同類型無盡的三角形，最後每兩個三角形之間的夾角都要在的三個維度轉彎一次，就好像之前所敘述的三個三角形無法畫在同一平面……寫到這裡已經很吃力了。

畢竟我們人類是三次元的產物，我們的視覺只能看懂三次元，四次元以上（此處不談時間）還全是我們的推論，而筆者所推算出來的這些三角形卻偏偏都有明確的數值……。

探討至此已經跟尋找大數值的三角形沒什麼關係，有的僅是提供閱讀與思想發散的延伸。這只是拋

磚引玉，望來日有人能激盪出更成熟的論點，為數學這門學科添磚加瓦，讓人們有朝一日可以一窺更高維度的世界。

　　後記：高維度是人們思想發散的產物，是靈魂偉大的創作，所以後面這些推測也沒有什麼值得大驚小怪的，之所以敘述出來，是真心想看看更多人思想激盪後是不是會有更好的東西出來，畢竟先者的話一人智短、二人智長不是嘛？

　　更何況，這個猜想有一個有力的支點，這些三角形的邊長每一個都是正整數或者說它們就是自然數，首先得先有自然……。

附　錄

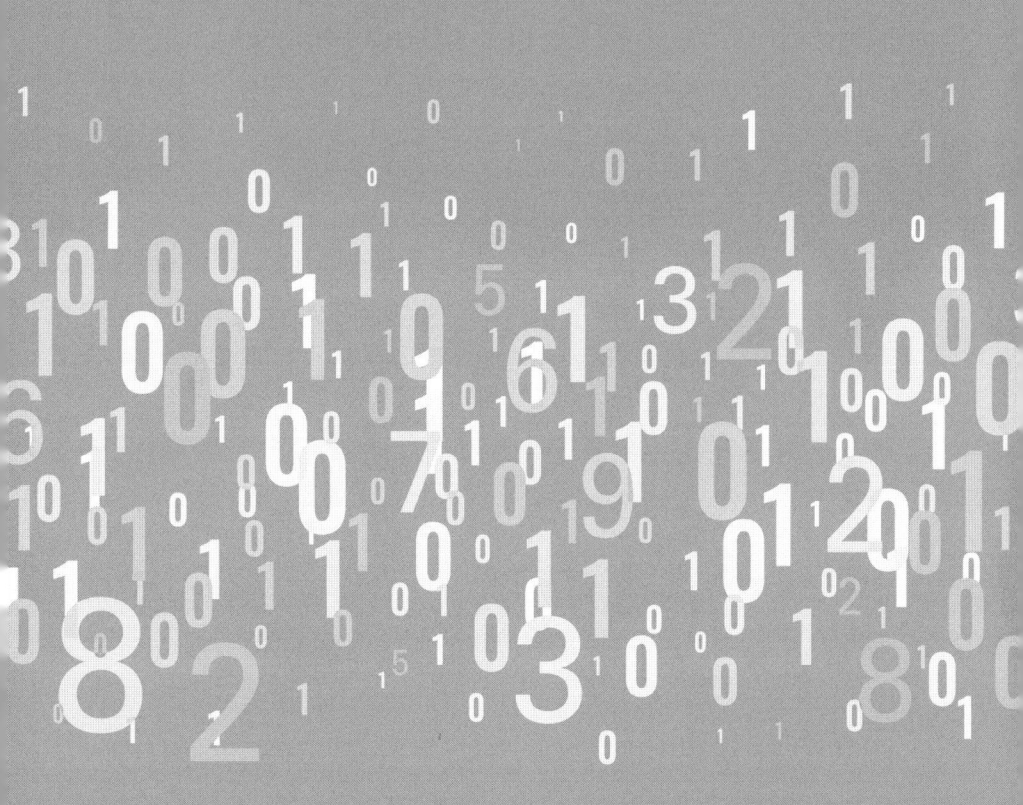

規　律

連續等差數列整數邊整數面積的三角形規律

三角形△ABC 對應的三個邊為 a, b, c，b 邊 = n，則 a, c 分別為 n+1, n-1，周長 a+b+c=(n+1+n+n-1)=3n、周長的一半 s=3n/2，這是運用海龍公式求面積的設定，根號裡的 s(s-a)(s-b)(s-c) 必定是平方數，面積才能是整數。

以下是基礎篇的規律：

一、每組三邊長的個位數只有兩個型態，1, 2, 3 或者 3, 4, 5，且 1, 2, 3 型態只出現在第 3 第 6、9……等 3 的倍數組中，依照之前所提的 24 組三角形，那 1, 2, 3 型態就有 8 組，其它 16 組皆是 3, 4, 5 型態。

二，因給定的條件的關係，這些出現的數列必是二奇一偶的組合，這樣才避免了分數的出現，

所以 s 必然是正整數同時又是 3 的倍數。

三，a, b, c 三邊三組數值必然有一組是 3 的倍數，而且是唯一的一組。

四，因海龍公式給定的條件：s = 3n/2，s (s-n)×3 =3n/2(3n/2-n)×3=3n/2 (3n/2-2n/2)3=3n/2 (3n/2)，所以 s(s-n)×3 必是平方數。

五，(s-c) 在奇數組中必定是平方數。

六，因是連續等差數列的邊，所以子項 (s-a), (s-b), (s-c) 也是等差數列，三組數值中必然有一組是 3 的倍數，且是唯一的一組，3 的倍數 (s-a) 在奇數組，(s-c) 反之在偶數組，這個規律一直反覆出現，一種自然數中的自然現象。

七，接續六項的延伸規律，(s-a), (s-b), (s-c) 出現偶數分別為 (s-b) 出現在奇數組，(s-a)(s-c) 會同時出現在偶數組。

子項證明

論已知的連續等差數列整數邊整數面積的三角形，在海龍公式 $\triangle = \sqrt{s(s-a)(s-b)(s-c)}$ 求三角形面積的公式，開根號裡的子項 (s-a) (s-c)×2 會等於一個更大數值連續等差數列整數邊整數面積三角形海龍公式子項的證明：

海龍公式子項在奇數組與偶數組的狀態皆盡不同，(s-b) 在第四條規律：因原始設定海龍公式給定的條件（n 給定的條件請參照第一章）s = 3n/2

s(s-n)×3=3n/2(3n/2-n)×3=3n/2 (3n/2-2n/2) 3=3n/2 (3n/2)，所以 s (s-n)×3 亦既 3s (s-b) 必是平方數。

此時只要證明 (s-a) (s-c) 的變化即可。

依據標題海龍公式根號裡是一個已知的整數解。

(s-a) (s-c) 在奇數組與偶數組時型態截然不同，在奇數組時 (s-a) 是一個平方數乘 3，(s-c) 則是一個天然

的平方數,我們可以把它設成 (s-a) = x×3,(s-c) = y,x 及 y 皆是平方數。

在偶數組的型態則為 (s-a) = x×2,(s-c) = y×3×2,x 及 y 皆是平方數。

(s-a) (s-c)×2= 新子項 (s-c) 這個方程式奇數組與偶數組要分開運算。

奇數組 3x×y×2 = xy×3×2

偶數組 x×2×y×3×2×2 = 4xy×3×2

原本海龍公式子項裡尚未參與轉換的 (s-b) ,此時平方乘以 2,式子 (s-b) (s-b)×2 = z×2,z 亦即平方數,×2 後同時也是新子項的 (s-a)。

並依據第四章所提連續等差數列中間項的平方永遠大於前後兩項的乘積為 1,因為乘 2 的關係新的子

項 (s-a) 大於 (s-c) 為 2，所以此時我們可以推導出新子項 (s-b)，以及 3 倍值的 s。各項數值齊全新的海龍公式展開如下：

奇數組 $\sqrt{s(z\times 2)(s-b)(xy\times 3\times 2)}$ = $\sqrt{3s(s-b)\times 4xyz}$，兩個子集合全部為平方數。

偶數組 $\sqrt{s(z\times 2)(s-b)(4xy\times 3\times 2)}$ = $\sqrt{3s(s-b)\times 16xyz}$，兩個子集合全部為平方數。

由此得知新三角形的面積依然是整數解，此項證明為真。

附表

海龍公式子項及衍伸後的新子項

組	(s-a) (s-b) (s-c)	新子項	(s-a)×(s-c)×2= next (s-c)	備註
1 組	3,2,1	2	6	
2 組	8,7,6	4	96	
3 組	27,26,25	6	1350	
4 組	98,97,96	8	18816	
5 組	363,362,361	10	262086	
6 組	1352,1351,1350	12	3650400	
7 組	5043,5042,5041	14	50843526	
8 組	18818,18817,18816	16	708158976	
9 組	70227,70226,70225	18	9863382150	
10 組	262088,262087,262086	20	137379191136	
11 組	978123,978122,978121	22	1913445293766	
12 組	3650402,3650401,3650400	24	26650854921600	
13 組	13623483,13623482,13623481	26	371198523608646	
14 組	50843528,50843527,50843526	28	5170128475599456	
15 組	189750627,189750626,189750625	30		無數值
16 組	708158978,708158977,708158976	32	1002978273411373056	

連續的等差數列整數邊與整數面積三角形簡表 1

組	△ abc 邊長	面積	備註
1 組	3,4,5	6	
2 組	13,14,15	84	
3 組	51,52,53	1170	
4 組	193,194,195	16296	
5 組	723,724,725	226974	
6 組	2701,2702,2703	3161340	
7 組	10083,10084,10085	44031786	
8 組	37633,37634,37635	613283664	
9 組	140451,140452,140453	8541939510	
10 組	524173,524174,524175	118973869476	
11 組	1956243,1956244,1956245	1657092233154	
12 組	7300801,7300802,7300803	23080317394680	
13 組	27246963,27246964,27246965	321467351292366	
14 組	101687053,101687054,101684055	4477462600698444	
15 組	379501251,379501252,379501253	62363009058485850	
16 組	1416317953,1416317954,1416317955	868604664218103456	
17 組	5285770563,5285770564,5285770565	12098102289994962534	
18 組	19726764301,19726764302,19726764303	168504827395711372020	

《形：追尋海倫的腳步，尋找最大的三角形，沒有最大，只有更大》

連續的等差數列整數邊與整數面積三角形簡表 2

組	△ abc 邊長	面積	備註
19 組	73621286643,73621286644,736212866645	234696948124996245746	
20 組	274758382273,274758382274,274758382275	32689067910103788068424	
21 組			尚無數值
22 組	3826890587533,3826890587534,3826890587535	6341510669732739173902236	
23 組	14282150107683,14282150107684,14282150107685	8832584934999814536519114	
24 組	53301709843201,53301709843202,53301709843203	123022038060241295948965360	
25 組	198924689265123,198924689265124,198924689265125	17134759482648379997919595926	
26 組	742397047217293,742397047217294,742397047217295	238656412376217078674925377604	

連續的等差數列整數邊與整數面積三角形簡表 2（續）

組	△ abc 邊長	面積	備註
27 組	2770663499604051,2770663499604052,2770663499604053	3324055013784390721451035690530	
28 組	10340256951198913,10340256951198914,10340256951198915	46298113780605253021639574289816	
29 組			尚無數值
30 組			尚無數值
31 組			尚無數值
32 組	2005956546822746113,2005956546822746114,2005956546822746115	1742383212789077711356142442873969984	
33 組	7486331750517906051,7486331750517906052,7486331750517906053	24268267492746652047969904068424092870	
34 組			

連續的等差數列整數邊與整數面積三角形簡表 3

組	△ abc 邊長	面積	備註
48 組 a	28410727220889697542561801	3495145012768300369186012592537510064487363958705387205925	
b	28410727220889697542561802		
c	28410727220889697542561803		
49 組 a	10603026067858759134647087043	486810900571207769683793662360247211458390372427726446460	
b	10603026067858759134647087044		
c	10603026067858759134647087045		
50 組 a	39571031999226139563162735373	67804011578692257718749252604509234503529778500294648632445	
b	39571031999226139563162735374		
c	39571031999226139563162735375		

連續的等差數列整數邊與整數面積三角形簡表 3（續）

組		△ abc 邊長	面積	備註
51 組	a	14768110192904579911800385**4451**	9443880530959795303656515998**39**5268109348329952798478163890	
	b	14768110192904579911800385**4452**		
	c	14768110192904579911800385**4453**		
52 組	a	55115337569570569088526824**33**	131536287317650211674003731**451**4886611858413215541757474780**8136**	
	b	55115337569570569088526824**34**		
	c	55115337569570569088526824**35**		
53 組	a	2056932400938782428517406875**283**	1832064141916143168132395724**32**2445984924301718056619911500**1**4	
	b	2056932400938782428517406875**284**		
	c	2056932400938782428517406875**285**		
54 組	a			以下尚無數值
	b			
	c			

連續的等差數列整數邊與整數面積三角形簡表 4

組		△ abc 邊長	面積	備註
95	a	216280326075524810715836657715063870800364273097045275237	2025511285938786508402961808427435747397237022128807867588842023402383539734661726862733945983941750465676574	面積共109位數
	b	216280326075524810715836657715063870800364273097045275247524		
	c	216280326075524810715836657715063870800364273097045275252525		
96	a	807169165591422479321638580708282136668992941572262912011201	282117328357721067701575991851095943770012346440498058451533004476219836707932471504390022974095108333634144040	
	b	807169165591422479321638580708282136668992941572262912012022		
	c	807169165591422479321638580708282136668992941572262912013203		

連續的等差數列整數邊與整數面積三角形簡表 4（續）

組	△ abc 邊長	面積	備註
97 a	30123963362901655107071766511 80646759593533897934737283	39293874841487070827380342678310 68855306200479945684745156257786 03268393599375884283751869281774 920991662204486	
b	30123963362901655107071766511 80646759593533897934737284		
c	30123963362901655107071766511 80646759593533897934737285		
⋮			
110 a	82078654528629911653816275869 61004343941551797289810083542 573	29171656656604591771073310471853 78192982533152281758791010973783 15165596182699960568512429436778 87017520221308458978368476212	邊長共 63 位數
b	82078654528629911653816275869 61004343941551797289810083542 574		
c	82078654528629911653816275869 61004343941551797289810083542 575		

連續的等差數列整數邊與整數面積三角形簡表 4（續）

組	△ abc 邊長	面積	備註
111 a	30632170891774014923658499637494445928765194559471787128906 08451	40630876246922680911966846870671778764502269426615187821037446091490104514528704678739122278524919266324476008905975674294672 90	面積共127位數
b	30632170891774014923658499637494445928765194559471787128906 08452		
c	30632170891774014923658499637494445928765194559471787128906 08453		

連續的等差數列整數邊與整數面積三角形簡表 5

組	△abc 邊長	面積
150 a	6196295628584521157294182343778981 2116952661755629859200465341319856 21594750176687501	16625124108241057514270330296093939020438572045538507042419434505824386407826953239558693410519471302966130605535631139261110179150957789445598896145770051379546541142335000
b	6196295628584521157294182343778981 2116952661755629859200465341319856 21594750176687502	
c	6196295628584521157294182343778981 2116952661755629859200465341319856 21594750176687503	邊長86位數 面積172位數 邊長與面積的個位數與十位數皆符合循環規律

《形：追尋海倫的腳步，尋找最大的三角形，沒有最大，只有更大》

連續的等差數列整數邊與整數面積三角形簡表 5（續）

組	△abc 邊長	面積
151 a	231248901045943663398734364285711287478504171527039635708170754238733365372363092003	231558107308134341101409961207274753192843868023482637379393921147003895647148815926632552128841475753792585540583004506694397858257920000325690566514034978622499888634506
b	231248901045943663398734364285711287478504171527039635708170754238733365372363092004	
c	231248901045943663398734364285711287478504171527039635708170754238733365372363092005	

本表每格 30 位數

連續的等差數列整數邊與整數面積三角形簡表 6

組	△abc邊長	面積
181 a	33304744289655250130282022220120281118478928632808007670302779832913886199454139653188458411644904075 20403	48030028363726923182375359726179781111558710192093167396742913239092720037376393258905049241031025851253265848454841150155066837665445295550663640923615539870512202816543841186550251800830015385478955572 1406
b	33304744289655250130282022220120281118478928632808007670302779832913886199454139653188458411644904075 20404	
c	33304744289655250130282022220120281118478928632808007670302779832913886199454139653188458411644904075 20405	邊長104位數　面積207位數 邊長與面積的個位數與十位數皆符合循環規律

連續的等差數列整數邊與整數面積三角形簡表 6（續）

組	△ abc邊長	面積
182 a	12429499782208283079362862822131085762613744324538937535494326396496445505156924063531538079323601961 401613	6689719962058856597536823348221571707437492371446916473090666880220931354823395406992833436651536331270456928170007522340705015426060000918674125236726288117679581170144914999179783612968838346725925919019484
b	12429499782208283079362862822131085762613744324538937535494326396496445505156924063531538079323601961 401614	
c	12429499782208283079362862822131085762613744324538937535494326396496445505156924063531538079323601961 401615	邊長105位數　面積208位數邊長與面積的個位數與十位數皆符合值環規律

本表邊長每格 30 位數

國家圖書館出版品預行編目（CIP）資料

形：追尋海倫的腳步,尋找最大的三角形,沒有最大,只有更大 / 魏錦村著. -- 初版. -- 高雄市：藍海文化事業股份有限公司, 2025.03
　　面；　公分
ISBN 978-626-98655-6-7(平裝)
1.CST: 數學
310　　114000353

形：追尋海倫的腳步，尋找最大的三角形，沒有最大，只有更大

作　　　者	魏錦村
發　行　人	楊宏文
編　　　輯	張如芷
封 面 素 材	魏錦村
封 面 設 計	毛湘萍
內 文 排 版	徐慶鐘
出　版　者	藍海文化事業股份有限公司
	802019 高雄市苓雅區五福一路 57 號 2 樓之 2
	電話：07-2265267
	傳真：07-2233073
	購書專線：07-2265267 轉 236
	E-mail：order1@liwen.com.tw
	LINE ID：@sxs1780d
	線上購書：https://www.chuliu.com.tw/
臺北分公司	100003 臺北市中正區重慶南路一段 57 號 10 樓之 12
	電話：02-29222396
	傳真：02-29220464
法 律 顧 問	林廷隆律師
	電話：02-29658212

刷　　　次	初版一刷．2025 年 3 月
定　　　價	250 元
Ｉ Ｓ Ｂ Ｎ	978-626-98655-6-7（平裝）

版權所有，翻印必究
本書如有破損、缺頁或倒裝，請寄回更換

Blue Ocean